TRAVAIL DU LABORATOIRE DE CHIMIE BIOLOGIQUE

RECHERCHES CHIMIQUES
sur un cas
D'ALBUMINURIE THERMOLYTIQUE
OU
ALBUMOSURIE DE BENCE-JONES

PAR

F. DECHAUME
Docteur en Pharmacie
Pharmacien de 1re classe

A. STORCK & Cie, Imprimeurs-Éditeurs. LYON
PARIS, 16, Rue de Condé, près l'Odéon

1903

TRAVAIL DU LABORATOIRE DE CHIMIE BIOLOGIQUE

RECHERCHES CHIMIQUES

sur un cas

D'ALBUMINURIE THERMOLYTIQUE

OU

ALBUMOSURIE DE BENCE-JONES

PAR

F. DECHAUME
Docteur en Pharmacie
Pharmacien de 1re classe

A. STORCK & Cie, Imprimeurs-Éditeurs. LYON
PARIS, 16, Rue de Condé, près l'Odéon

1903

A MES PARENTS

Témoignage de reconnaissance filiale pour les soins dont ma jeunesse fut entourée.

A MES BEAUX-PARENTS

En remerciements, pour la précieuse compagne qu'ils m'ont accordée en faisant partie de leur famille.

A MA FEMME, A MES ENFANTS

A MES AMIS

A MON PRÉSIDENT DE THÈSE

Monsieur HUGOUNENQ

Professeur de chimie médicale
à la Faculté de médecine et de pharmacie de Lyon

A MESSIEURS LES PROFESSEURS AGRÉGÉS

LANNOIS, BARRAL, MOREAU

A MES ANCIENS MAITRES

INTRODUCTION

En décembre 1902, M. le Dr Bertoye nous soumettait une urine donnant un précipité albumineux, qui entre autres réactions anormales se faisait remarquer par sa solubilité dans l'acide acétique ou à l'ébullition.

Un examen minutieux nous permit de constater que les réactions obtenues avec ce précipité se rapprochaient beaucoup de celles des albumoses.

En présence d'un cas aussi rare et aussi délicat à interpréter, nous n'osions formuler aucune conclusion, sans prendre conseil de notre honoré maître M. le professeur Hugounenq. Il constata que le précipité obtenu était bien fourni par des albumoses, mais celles-ci appartenaient à la variété spéciale observée pour la première fois par Bence-Jones. Pour l'étude de la question il nous renvoya à un article qu'il avait publié dans le *Lyon Médical*, 1901, p. 81, et à un mémoire de Magnus Lévy (*Zeitschrift für physiologische Chemie*, t. XXX, p. 200, 1900).

La rareté du cas, la possibilité de faire à son sujet des observations quotidiennes et suivies, dues à l'obligeance de M. le Dr Bertoye, la facilité d'avoir pour vous diriger dans vos recherches M. le professeur Hugounenq nous décidèrent à faire une étude approfondie de ces albumoses.

C'est le résultat de ces études que nous venons présenter aujourd'hui à l'appui de notre candidature au doctorat en pharmacie. Nous ne nous dissimulons pas combien est incomplet ce modeste travail ; il n'a pour plaider en sa faveur que la conscience avec laquelle il a été fait, et le patronage que M. le professeur Hugounenq a bien voulu lui prêter.

Qu'il reçoive ici nos sincères remerciements pour l'honneur qu'il nous a fait en acceptant la présidence de notre thèse, pour les conseils qu'il nous a donnés sans compter, et enfin pour la bienveillance qu'il n'a cessé de nous témoigner dans nos études.

Que MM. les professeurs agrégés Lannois, Barral, Moreau veuillent bien croire à nos plus profonds sentiments de reconnaissance pour la bonté qu'ils nous témoignent en voulant bien examiner notre travail.

Nous ne savons comment remercier M. le Dr Bertoye pour les renseignements bibliographiques qu'il nous a procurés, ainsi que l'obligeance qu'il a mise à nous faciliter l'étude de notre thèse. (Celle-ci, d'ailleurs, n'est que le complément au point de vue chimique de l'observation clinique qu'il publiera ultérieurement.)

Enfin à M. le Dr Galimard, préparateur de chimie médicale, nous devons de bons conseils, des encouragements à bien faire, et un peu de son temps dans les moments critiques.

HISTORIQUE

Bence-Jones, en 1847, découvrit pour la première fois dans l'urine d'un malade de Mac Intyre un corps albumineux spécial. Son caractère distinctif des autres corps albumineux était l'action toute particulière de la chaleur à son égard.

« Chauffé doucement, il se coagule à une certaine température, se redissout en totalité ou en partie à une température plus élevée, puis le précipité reparait à froid et ceci sans le concours d'aucun réactif. »

Il précipitait sous l'action de l'acide chlorhydrique, acide azotique, acide picrique, ferrocyanure acétique, acide phénique. Les précipités disparaissaient à l'ébullition, pour reparaître à froid ; enfin il donnait les réactions du biuret, de Millon, etc..., et en un mot toutes les réactions communes à ces corps albumineux.

La découverte de Bence-Jones passa presque inaperçue et n'eut pas d'écho dans le monde scientifique. Quelques vingt ans après, Kühne découvrait un semblable corps dans une urine mais il ne publia son travil qu'en 1880. Dans un remarquable document, il donne la préparation du corps, indique ses propriétés générales communes aux autres corps albumineux, et montre son caractère distinctif par l'action de la chaleur. Il le classe parmi les albumoses, et le nomme hémialbumose de Bence-Jones, pour rappeler sa ressemblance avec ce corps. Plus heureux que Bence-Jones, Kühne attira l'attention des savants sur sa découverte. Huppert nous donne le troisième cas en 1899, et confirme par ses travaux toutes les idées émises par Kühne.

La voie était ouverte, et immédiatement des chimistes la suivent. L'année 1891 nous donne le cas de Stokvis ; en 1896, Matthes croit voir deux corps albumineux : une albumose et une nucléo-albumine. Rosin en 1897, Ellinger en 1898, font de longues recherches sur les propriétés de ce corps. Bozzolo et Magnus Lévy en 1898.

Ce dernier fait un travail très complet sous la direction du professeur Hofmeister. Il reprend tout ce qui a été dit sur ce corps, il compare avec son cas, et tire des conclusions. Il nous montre les difficultés pour comparer tous ces travaux qui n'ont pas été faits avec une méthode commune.

Dans les uns, les réactions du corps sont étudiées dans l'urine ; d'autres les donnent sur une solution purifiée de ce même composé albumineux. La façon dont on le prépare varie suivant les auteurs. Aussi obtient-on des différences au point de vue des propritéés physiques et chimiques. Magnus Lévy donne les caractères analytiques spéciaux à ce corps albumineux, il détaille tout particulièrement l'action typique de la chaleur à son égard. Il relate le mode de préparation qui lui paraît le meillèur, et indique comment on obtient le corps cristallisé. Il entrevoit la genèse de cette substance comme dérivant des albumines alimentaires, vu les grandes proportions observées dans quelques cas. Enfin pour lui, ces albumoses de Bence Jones sont plutôt des albumines spéciales, car il y a lieu de tenir compte des réactions qui procèdent de sa constitution moléculaire, au lieu de s'en rapporter à leurs propriétés physiques.

En 1899, ce sont les cas de Bradshaw, Sternberg, Ewald, Fitz, Askanasy ; celui-ci essaie d'établir une corrélation entre les albumoses de Bence-Jones trouvées dans les urines et les myélomes de la moelle des os malades.

L'année 1900 est aussi fructueuse que la précédente. Après le cas de Milroy, ce sont : Hamburger (deux observations), Jochman et Schumn, Dr Anders et N. Boston (première observation) ; puis viennent par ordre chronologique, les cas de Kalischer, N. Boston (deuxième cas), Bradshaw (deuxième cas), N. Boston (troisième cas). En 1902, un cas de M. le professeur Hugounenq, lequel avait déjà publié une observation en 1897, à la Société de médecine de Lyon (mars 1897). N. Boston, dans ses trois observations, détaille toutes les particularités physiques et chimiques qu'il a observées. Il met à contribution le tube d'Esbach pour le dosage de ces albumoses, et par un examen microscopique montre ces corps albumineux dans les urines presque toujours accompagnés d'éléments anatomiques du rein. Il donne pour caractéristique l'action spéciale des urines contenant ces albumoses, sur un mélange de solutions de chlorure de sodium, soude, et acétate de plomb. Je dois dire que dans mon cas le résultat a toujours été négatif.

Comme on le voit par ce court résumé, la liste des cas d'albumosurie de Bence-Jones sûrement constatés n'est pas bien longue. D'après M. le professeur Hugounenq, celle des cas inobservés serait plus grande. S'appuyant sur des considérations scientifiques personnelles, il donne à cette albumosurie une origine toute spécifique : les cas ne seraient pas aussi rares, mais passeraient pour la plupart inaperçus.

Au point de vue des propriétés physiques et chimiques données à ce corps albumineux, les auteurs ne sont pas toujours d'accord, et cela se conçoit. La substance qui nous occupe est de nature très complexe, ses propriétés sont dépendantes des impuretés qui l'accompagnent toujours ; de plus, les chimistes l'ont préparée avec des procédés différents, et étudiée sous divers aspects.

L'action spéciale de la chaleur qui est la caractéristique de ce corps, n'est pas constatée de la même façon par tous. Le point de coagulation varie de 50° à 65° ; la dissolution du précipité est complète à 100° (Kühne, Ellinger, Matthes) ; elle ne l'est pas chez Huppert, Rosin, Süssman et Magnus Lévy. Spiro nous montre la fragilité de cette action de la chaleur, qui peut disparaître par addition d'urée, et reparaître par dilution. Le contact prolongé de l'alcool enlève au corps sa propriété de se dissoudre dans les solutions alcalines ; le chlorhydrate d'ammoniaque la lui redonne. L'urine peut contenir des sels médicamenteux absorbés par les malades, lesquels agissent sur les propriétés de ces albumoses. C'est ainsi que nous avons eu l'occasion de constater pendant le cours de nos recherches un changement d'aspect de ces albumoses, concordant avec le début d'un traitement ioduré à fortes doses. Süssman observe que le corps albumineux dans l'urine dépose à 100°, et la dissolution du corps est limpide à cette température, tandis que Kühne remarque le contraire. Ribling, Matthes, Ellinger prétendent que la solution privée de sels ne se coagule plus. Magnus Lévy, Kühne n'ont pas observé cette particularité.

De ces divergences d'observations, nous ne pouvons pas conclure à la présence de corps différents. Les caractères analytiques sont sous la dépendance de trop de facteurs pour être à même de lui constituer un ensemble spécial.

Comme Magnus Lévy, nous ferons remarquer que les chimistes qui ont étudié ce corps après lui n'ont pas suivi de méthode commune. Tous font entrevoir la fragilité des propriétés de ces albumines spéciales, facteurs des sels en dissolution avec elles dans les urines.

Magnus Lévy donne comme préparation la précipitation par une solution saturée de sulfate d'ammoniaque ; il nous a été impossible de suivre ce mode opératoire, notre albumose ne précipitant pas par la solution saturée, mais par le sel solide mis à saturation dans l'urine. Nous avons dû avoir recours à la chaleur, procédé préférable ; on évite ainsi de souiller le corps albumineux que l'on purifie difficilement, même par la dialyse. On ne peut pas toujours le préparer ainsi, le corps albumineux passant à travers le septum d'un dialyseur.

Afin d'obvier à tous ces inconvénients, nous indiquerons donc une préparation basée sur sa propriété caractéristique : la coagulation par la chaleur. Nous donnerons la formule exacte des solutions dissolvantes, ainsi que les analyses des urines sur lesquelles nous avons opéré. Il sera facile de se reporter à ces conditions, et de voir si les résultats obtenus sont concordants. Ayant fait de nombreuses préparations de ces albumoses, nous avons chaque fois dosé ce corps avec des échantillons moyens et des procédés différents. Nous aurons ainsi un dosage exact par pesée pour le chimiste, et un dosage clinique approximatif pour le médecin. Une analyse organique nous donnera la formule élémentaire de ces albumoses. Des essais seront faits pour les décomposer en corps plus simples. L'indication d'un nouveau ferment spécial aux albuminés fortifiera davantage l'idée de parenté très proche de ces corps avec les albumoses de Bence-Jones. L'action de l'éther, étudiée sous le nom de réaction de Jacquemet, nous donnera peut-être un réactif clinique facile à employer pour différencier les albumoses de Bence-Jones des albumoses ordinaires. Tel sera le plan suivi dans nos recherches sur ces corps albumineux.

RÉACTIONS PRÉLIMINAIRES

Kühne fut le premier à désigner le phénomène qui nous occupe sous le nom d'*hémi-albumosurie de Bence-Jones*, voulant rappeler ainsi les idées émises par Magnus Lévy. On pourrait, comme le fait justement remarquer M. le professeur Hugounenq, adopter la dénomination *d'albuminurie thermolytique*. Cette appellation plus précise nous indique mieux qu'il s'agit de matières protéiques, ayant pour caractère spécial la solubilité à chaud de la plupart de leurs précipités.

Il s'agissait tout d'abord de savoir si ces albumoses spéciales se trouvaient seules comme matières protéiques dans l'urine étudiée. Nous nous sommes conformé pour cela aux indications données dans le *Précis de chimie biologique* de M. le professeur Hugounenq (p. 526).

Par les méthodes de Devoto et de Hofmeister, nous avons constaté que l'urine examinée ne contenait pas d'autres albumines que l'albumose de Bence-Jones.

Réactions faites sur l'urine albumosique fraîche et sur des solutions acide et alcaline d'albumoses de Bence-Jones.

ACTION DE LA CHALEUR

Sur l'urine fraîche. — Pour étudier cette action spéciale de la chaleur, j'ai pris un ballon de verre dans lequel j'ai mis 100 c.c. d'urine fraîchement émise et filtrée. Un thermomètre maintenu dans le milieu du liquide indique d'une façon constante la température.

Voici les phénomènes successivement observés en prenant la précaution de chauffer très doucement.

Jusqu'à 48° rien à noter, mais à cette température un léger louche commence à se produire. De 58° à 59°, ce louche, tout en s'accentuant, prend un aspect spécial blanc laiteux.

A 62°, le précipité prend l'aspect cailleboté ; à 65° paraît être le maximum de formation des flocons.

A 70°, les caillots se réunissent à la surface du liquide, commencent à disparaître, et l'urine se clarifie dans son ensemble ; à 90°, les caillots ont presque tous disparu. Il ne reste plus qu'une partie grumeleuse qui va au fond du vase, tandis que sur les parois sont légèrement attachés de grands filaments d'aspect fibrineux flottant facilement au sein du liquide. A premier examen on croirait voir deux corps d'aspect physique différent, mais, rien dans la suite, ne vient confirmer ce soupçon.

Enfin, à 100°, l'urine entre en ébullition, le liquide est clair, à part les deux dépôts signalés.

Si on laisse refroidir lentement, on voit à 70° l'urine qui commence à se troubler. Le précipité s'accentue de plus en plus ; toutefois il ne reprend plus cet aspect laiteux et se dépose au fond du vase sous forme de grumeaux très ténus. En répétant une seconde fois l'expérience sur cette urine déjà chauffée, les mêmes phénomènes s'observent, avec cette différence que la partie insoluble s'augmente à chaque opération. En continuant plusieurs fois, on peut arriver à rendre toutes les albumoses insolubles. J'ai recueilli une petite quantité de ces albumoses ayant subi le contact de la chaleur ; j'en ai fait une solution en liqueur acide, comme pour les albumoses préparées, et j'ai obtenu les mêmes réactions.

Sur la solution acide. — En chauffant à feu nu ou au bain-marie avec précaution, je n'ai observé aucun précipité, pas même un louche.

Sur la solution alcaline. — Rien ne s'est produit.

ACTION DE L'ACIDE AZOTIQUE

Sur l'urine. — Quelques gouttes d'acide azotique ajoutées à l'urine donnent un précipité blanchâtre, virant au jaune par suite de la réaction xanthoprotéique. L'ébullition accentue la coloration, le précipité disparaît pour reparaître à froid. Un excès d'acide dissout le précipité, mais si l'on dilue cette solution, le précipité reparaît.

Sur liqueur acide. — Quelques gouttes de réactif donnent un louche qui disparaît dans un excès. La chaleur ne donne rien.

Sur liqueur alcaline. — Lorsque l'on arrive à la réaction acide par addition de l'acide, il se produit un précipité insoluble dans un excès de réactif. Le précipité est soluble à chaud pour reparaître à froid.

ACTION DE L'ACIDE SULFURIQUE

Sur l'urine. — Avec quelques gouttes d'acide, on a un précipité blanc laiteux soluble dans un excès avec coloration violette (réaction Adamkiewics) ; mais la dilution ne fait pas reparaître le précipité. L'ébullition détruit le précipité qui reparaît à froid.

Sur liqueur acide. — Rien observé.

Sur liqueur alcaline. — On obtient un précipité lorsque l'on arrive à la réaction acide, lequel est insoluble dans un excès. L'ébullition le dissout de même, mais il ne reparaît pas par dilution.

ACTION DE L'ACIDE CHLORHYDRIQUE

Sur l'urine. — Avec quelques gouttes de réactif, précipité blanc laiteux, soluble dans un excès, mais ne reparaît pas par dilution. Le coagulum est soluble à l'ébullition. La liqueur se colore en violet et reste limpide à froid.

Sur liqueur acide. — Rien observé.

Sur liqueur alcaline. — On obtient un précipité dès que l'on arrive à la réaction acide, insoluble dans un excès de réactif, mais soluble à ébullition pour reparaître à froid.

ACTION DE L'ACIDE ACÉTIQUE

Sur l'urine. — Avec quelques gouttes ou excès, on n'obtient aucun précipité à froid comme à l'ébullition.

Sur liqueur acide. — Rien observé.

ACTION DE L'ACIDE PICRIQUE (solution saturée)

Sur l'urine. — Avec quelques gouttes de réactif on a un précipité qui n'est stable que lorsque le volume du réactif égale celui de l'urine. Le coagulum est soluble à chaud pour reparaître à froid.

Sur liqueur acide. — Même réaction.

Sur liqueur alcaline. — Même réaction.

ACTION DE L'ACIDE PHÉNIQUE (solution contenant 1/10 d'eau)

Sur l'urine. — Avec quelques gouttes d'acide, précipité caillebotté, insoluble dans un excès de réactif et soluble à chaud pour reparaître à froid.

Sur liqueur acide. — Même réaction.

Sur liqueur alcaline. — Même réaction.

ACTION DE L'ACIDE TRICHLORACÉTIQUE (solution au 1/5)

Sur l'urine. — Avec quinze à vingt gouttes on obtient un précipité insoluble dans un excès de réactif et à l'ébulllition.

Sur liqueur acide. — Avec quelques gouttes de réactif, précipité insoluble dans un excès, mais devient soluble à l'ébullition et ne reparaît pas à froid.

Sur liqueur alcaline. — On obtient un précipité dès que l'on arrive à la réaction acide, lequel est insoluble dans un excès, mais disparaît à l'ébullition pour ne pas se reformer à froid.

ACTION DE L'ACIDE PHOSPHORIQE (solution du Codex)

Sur l'urine. — Rien ne se produit même à chaud.

Sur liqueur acide. — Rien observé.

Sur liqueur alcaline. — Rien observé.

ACTION DE L'ACIDE TANNIQUE (solution au 1/10)

Sur l'urine. — Avec quelques gouttes on obtient un précipité abondant, insoluble dans un excès de réactif, insoluble à l'ébullition.

Sur liqueur acide. — On obtient un précipité insoluble dans un excès de réactif, soluble à l'ébullition, mais qui ne reparaît pas à froid.

Sur liqueur alcaline. — Il se fait avec ce réactif une coloration brune sans précipité ; à l'ébullition la couleur disparaît et un précipité se forme.

ACTION DES ALCALIS (soude, potasse, ammoniaque)

Ces réactifs ne donnent aucun précipité avec l'urine, pas plus qu'avec les solutions acides et alcalines de ces albumoses.

ACTION DU SULFATE D'AMMONIAQUE (solution saturée et sel solide)

Sur l'urine. — La solution saturée de sulfate d'ammoniaque même en excès ne donne aucun précipité. En chauffant, le précipité se produit comme dans l'urine seule. Si l'on ajoute le sel en cristaux il commence à se produire un précipité lorsque l'on a ajouté en poids le tiers de sulfate ammoniaque, la formation se termine lorsque le sel sursature l'urine.

Sur liqueur acide. — De même que sur l'urine, la solution saturée de sulfate d'ammoniaque ne donne rien seule ; le sel, ajouté dans la proportion ci-dessus, donne un précipité.

Sur liqueur alcaline. — Même réaction.

ACTION DE LA SOLUTION SATURÉE DE SULFATE DE SOUDE

Sur l'urine. — Il ne se produit rien à froid, mais en chauffant, un précipité se forme, insoluble à l'ébullition.

Sur liqueur acide. — Rien observé.

Sur liqueur alcaline. — Rien observé.

ACTION DE LA SOUDE ET DE L'ACIDE ACÉTIQUE

Sur l'urine. — Si à l'urine alcalinisée on ajoute de l'acide acétique jusqu'à acidité, il se produit un précipité insoluble à l'ébullition.

Sur liqueur acide. — Il ne se produit aucun précipité, même à chaud.

Sur liqueur alcaline. — Rien observé.

ACTION DE L'IODURE DE POTASSIUM (solution à 1/10)

Sur l'urine. — Rien à observer, soit à froid ou avec la chaleur.

Sur liqueur acide. — Rien observé.

Sur liqueur alcaline. — Rien observé .

ACTION DU CHLORURE DE SODIUM (en solution et à l'état de sel solide)

Sur l'urine. — La solution saturée de chlorure de sodium n'a aucun effet sur l'urine ; si on ajoute le sel jusqu'à saturation, on obtient à froid un léger précipité et en chauffant le point de coagulation est légèrement abaissé, mais de même qu'avec l'urine seule, le précipité disparaît en partie à l'ébullition.

Sur liqueur acide. — Avec la solution il se produit un léger louche qui ne s'augmente pas avec la température et disparaît à l'ébullition. Le sel donne un précipité soluble à l'ébullition.

Sur liqueur alcaline. — Même réaction.

ACTION DU CHLORURE DE SODIUM ET DE L'ACIDE ACÉTIQUE

Sur l'urine et liqueurs acides et alcalines. — L'addition d'acide acétique augmente le précipité obtenu par le chlorure, mais il n'empêche pas la dissolution à l'ébullition.

ACTION DU FERROCYANURE DE POTASSIUM ET DE L'ACIDE ACÉTIQUE

Sur l'urine. — En ajoutant le ferrocyanure seul on n'a rien ; mais à chaud, précipité qui disparaît à l'ébullition, revient à froid. L'addition d'acide acétique au ferrocyanure fait apparaître un précipité abondant, lequel se dissout à l'ébullition pour reparaître à froid. Si l'on ajoute d'abord l'acide acétique et le ferrocyanure, le précipité ne se produit qu'à chaud en virant au vert.

Sur liqueur acide. — Le ferrocyanure seul ne donne rien; avec addition d'acide acétique il se produit une simple coloration en jaune du mélange; à chaud un précipité vert se forme, insoluble à l'ébullition.

Sur liqueur alcaline. — On n'obtient rien avec le ferrocyanure seul; l'addition d'acide acétique donne un précipité jaunâtre que la chaleur augmente en le faisant virer au vert ; il est insoluble à l'ébullition.

ACTION DU BICHLORURE DE MERCURE (solution à 1/1.000)

Sur l'urine. — L'addition de quelques gouttes du réactif donne un précipité abondant soluble dans un excès de réactif. La chaleur nous redonne le précipité qui est alors insoluble à l'ébullition.

Sur liqueur acide. — Rien, même par la chaleur.

Sur liqueur alcaline. — Rien.

ACTION DE LA LIQUEUR DE FEHLING

Sur l'urine. — Si l'on a la précaution d'ajouter le réactif goutte à goutte, on obtient facilement la réaction du biuret (rouge violacé) ; un excès ne donne rien, même à l'ébullition.

Sur liqueur acide. — Même réaction.

Sur liqueur alcaline. — Même réaction.

ACTION DE L'ALCOOL

Sur l'urine. — On obtient un précipité abondant en ajoutant à l'urine son double volume d'alcool ; mais le précipité est difficile à se séparer du liquide.

Sur liqueur acide. — En ajoutant la solution avec son double volume d'alcool, on n'obtient aucun précipité.

Sur liqueur alcaline. — Même réaction.

ACTION DE L'ÉTHER SULFURIQUE (réaction Jacquemet-Labatut)

Sur l'urine. — Agitée avec le double de son volume d'éther, l'urine ne donne aucune réaction particulière. Les deux liquides, de densité différente, se séparent après le repos.

Sur liqueur acide. — Même réaction.

Sur liqueur alcaline. — Même réaction.

ACTION DU CHLOROFORME

Sur l'urine. — Si l'on agite l'urine dans un tube avec son volume égal de chloroforme, celui-ci semble s'emparer des albumoses, et en centrifugeant, un culot de matière se forme à la surface de séparation des liquides.

Sur liqueur acide. — La même réaction se produit, mais le culot de substance est plus réduit.

Sur la liqueur alcaline. — Il ne se produit presque rien.

ACTION DE LA BENZINE ET DU SULFURE DE CARBONE

Les mêmes réactions se passent comme avec le chloroforme.

ACTION DU RÉACTIF DE MÉHU

Sur l'urine. — Il se produit avec ce réactif un précipité abondant insoluble dans un excès, mais soluble à l'ébullition pour reparaître à froid.

Sur la liqueur acide. — Il se produit un léger précipité qui disparaît à l'ébullition pour reparaître à froid et est insoluble dans un excès de réactif.

Sur liqueur alcaline. — Les mêmes réactions se produisent, mais à peine sensibles.

ACTION DU RÉACTIF DE MILLON

Sur l'urine. — Un précipité très abondant se forme, insoluble dans un excès de réactif. A l'ébullition un magma rougeâtre se forme et le liquide s'éclaircit.

Sur liqueur acide. — La même réaction se passe mais de beaucoup diminuée ; nous n'avons plus qu'un précipité moins abondant avec légère teinte rosée, et le précipité est insoluble à l'ébullition.

Sur liqueur alcaline. — Il se fait un précipité noir.

ACTION DU RÉACTIF DE TANRET

Sur l'urine. — Il donne un précipité très abondant, insoluble dans un excès de réactif et à l'ébullition.

Sur liqueur acide. — Un léger précipité se produit, insoluble dans un excès de réactif, soluble à l'ébullition.

Sur liqueur alcaline. — Il se forme un louche disparaissant à l'ébullition.

ACTION DU RÉACTIF D'ESBACH

Sur l'urine. — Un précipité se forme, insoluble dans un excès de réactif, soluble en partie à l'ébullition pour reparaître à froid.

Sur la liquer acide. — Il se fait un léger précipité insoluble dans un excès, soluble à l'ébullition, et qui reparaît à froid.

Sur liqueur alcaline. — La réaction est la même, mais à peine sensible.

ACTION DE LA POTASSE ET DE L'ACÉTATE DE PLOMB

Sur l'urine. — Additionnée de quelques gouttes d'une solution de potasse, et d'autre part d'une solution d'acétate de plomb, il ne se produit qu'un précipité blanc qui reste tel, même à l'ébullition prolongée.

Sur liqueur acide. — Même réaction, sans coloration du précipité.

ACTION DE RÉACTIF DES ALBUMINES
(acide succinique, bichlorure de mercure)

Sur l'urine. — On obtient un fort précipité insoluble dans un excès, soluble à chaud pour reparaître à froid.

Sur liqueur acide. — Même réaction, mais très atténuée.

Sur liqueur alcaline. — Les réactions ne sont presque pas marquées.

ACTION DU RÉACTIF SULFOMOLYBDIQUE

Sur l'urine. — On obtient un fort précipité verdâtre insoluble dans un excès et insoluble à l'ébullition.

Sur la liqueur acide. — Il ne se produit rien.

Sur la liqueur alcaline. — Rien observé.

ACTION DU RÉACTIF DE FRŒHDE

Il ne se produit aucun précipité sur les trois liqueurs.

ACTION DU RÉACTIF DE FROEHDE

Sur l'urine. — On obtient un précipité qui se dissout à l'ébullition pour reparaître à froid.

Sur liqueur acide et alcaline. — Il ne se produit rien.

ACTION DU RÉACTIF DE BOUCHARDAT

Sur l'urine. — Il se forme un fort précipité qui disparaît à l'ébullition pour reparaître à froid.

Sur liqueur acide. — Même réaction, mais atténuée.

Sur liqueur alcaline. — Même chose.

ACTION DE L'ASEPTOL

Sur l'urine. — Il se produit un précipité très fort soluble à l'ébullition. En versant doucement le réactif sur l'urine, on a un anneau floconneux à la surface de séparation des deux liquides.

Sur liqueur acide et alcaline. — Rien observé.

ACTION DE L'ACIDE SULFO-SALICYLIQUE

Sur l'urine. — On a un fort précipité insoluble dans un excès de réactif, soluble à l'ébullition pour reparaître à froid.

Sur liqueur acide et alcaline. — Il ne se produit rien.

RÉACTION DE NAPOLÉON BOSTON

Sur l'urine. — Cette réaction donnée par son auteur comme caractéristique des albumoses de Bence-Jones ne m'a donné aucun résultat positif sur l'urine pas plus que sur les solutions acide ou alcaline d'albumose. Elle consiste dans l'action à chaud de l'urine albumosique additionnée d'une solution saturée de chlorure de sodium, d'un peu de solution de soude caustique sur une solution d'acétate de plomb. Je n'ai jamais obtenu ce précipité noir indiqué par M. N. Boston.

Propriétés physiques et chimiques des albumoses de Bence-Jones.

Le coagulum précipité de l'urine par la chaleur se présentait sous la forme d'un magma cailleboté à texture un peu grenue, de couleur légèrement jaunâtre et contenant dix fois son poids d'eau. Mise à l'étuve, la masse tout en se diminuant se colorait en jaune foncé. Arrivée à complète dessiccation, son aspect était celui d'un corps corné à cassure brillante. Pas de saveur. Légère odeur animalisée, et d'une grande dureté. Pour la pulvérisation, je fus obligé d'employer un moulin à café et seulement après plusieurs moutures on arrivait au degré voulu de ténuité.

Pendant le cours de nos expériences, les albumoses changèrent brusquement leur aspect physique de coagulation. Le précipité obtenu devint grisâtre, beaucoup moins volumineux ; il ne contenait plus que quatre fois son poids d'eau. Il s'attachait aux parois du vase et on ne l'enlevait plus qu'avec l'aide du couteau sous forme de lamelles. Ce changement s'est opéré à l'époque où le traitement fut changé et le malade soumis à l'iodure.

Ayant pu me procurer de l'urine ne contenant pas d'iodure, la coagulation redevint la même que précédemment. Cette expérience nous autorise à croire que la présence de ce sel dans les urines était la cause de ce changement passager. J'ajoute ce qualificatif, car une fois desséchées, ces albumoses ressemblaient beaucoup aux précédentes. Toutefois, elles étaient de couleur plus foncée, beaucoup moins dures, et leur poudre d'aspect plus blanc. La seule constante physique qui n'ait pas varié est la température de coagulation. Que cette opération se soit faite sur l'urine fraîche ou ancienne, avec ou sans iodure, le phénomène s'est toujours opéré de 58° à 65°, commencement du trouble et maximum de coagulation des albumoses.

J'ai essayé d'obtenir ce corps albumineux cristallisé, soit par concentration de solution, soit avec le sulfate d'ammoniaque, comme l'indique Magnus Lévy. Il m'a été impossible de réussir dans aucune de mes nombreuses tentatives.

Ces albumoses passent à travers le septum d'un dialyseur. Un litre de la solution acide de ce corps mise à dyaliser, ne contenait plus trace d'albumoses après vingt-trois jours de dialyse. Traitées par les acides azotique, chlorhydrique, sulfurique concentrés, ils les dissolvent, mais en les détruisant. Les solutions ainsi obtenues ne donnent aucun précipité par dilution.

Seules les solutions alcalines dissolvent ces albumoses à froid. En nous reportant aux réactions précédemment données, on verra comment ces solutions se comportent à l'égard des divers réactifs.

Dosages des albumoses de Bence-Jones.

Chaque fois que je coagulais ces albumoses, j'opérais sur une quantité de six litres d'urine. Un échantillon de 100 c.c. était prélevée pour le dosage par pesée ainsi que le volume nécessaire pour le dosage procédé Esbach.

Le dosage par pesée était fait d'après la méthode Méhu modifiée par M. le professeur Hugounenq. La coagulation était obtenue dans un vase métallique forme gobelet, placé au bain-marie. Le coagulum se réunissait ainsi plus facilement et adhérait moins aux parois que dans un vase à précipité ordinaire.

La masse totale des albumoses, retirée de la coagulation de six litres d'urine et divisée par six, donne le poids moyen des albumoses par litre d'urine. Voici le résultat de dix expériences faites dans les conditions ci-dessus indiquées.

	Par litre
Par pesée (des 6 litres d'urine) $\frac{26\text{ gr. }490}{6}$.	4 gr. 415
Par pesée (100 c.c. d'urine)	4 gr. 435
Par le lube d'Esbach, contact de 12 heures (indiqué)	4 gr.
Par le tube d'Esbach, contact de 24 heures (indiqué)	4 gr. 50

C'est donc après un contact de vingt-quatre heures que le tube d'Esbach donne les résultats les plus approchants.

Par ces quelques données, on voit que les poids obtenus ne sont pas absolument concordants ; mais vu les grosses quantités d'albumoses que l'on a en général à constater, l'écart est insignfiant. Le clinicien pourra se contenter du procédé d'Esbach. Quant au dosage chimique exact par la pesée, il présente la difficulté de trouver un liquide laveur qui, sans entraîner des albumoses, les débarrasse bien de toutes leurs impuretés. Dans le cas qui nous occupait, le malade prenant de l'iodure, les lavages avec de l'eau distillée à 65° n'entraînaient pas d'albumose, mais l'iodure restait aussi. Ce n'est qu'après de nombreux lavages à l'eau distillée bouillante que je ne trouvai plus d'iodure dans les albumoses ou dans le filtratum, mais ces manipulations entraînaient un peu de produit.

Solution acide et solution alcaline des albumoses de Bence-Jones.

Ces albumoses étant solubles même à froid en liqueur alcaline, voici la façon dont nous avons procédé pour faire ces solutions. Nous préparons d'une part une solution contenant 20 grammes de soude caustique et 1.000 c.c. d'eau distillée (solution demi-normale), dans laquelle nous dissolvons 8 grammes de ces albumoses. Cette première solution additionnée de son volume d'eau distillée donne la solution alcaline ayant la même teneur en albumoses que l'urine.

Pour obtenir la solution acide, nous faisons d'autre part 1.000 c.c. d'une solution demi-normale d'acide chlorhydrique. Si l'on mélange ces deux solutions, elles se saturent à volumes égaux. En opérant avec précaution, on remarque à la neutralisation une décoloration du mélange qui, de jaune clair, devient incolore, et un léger précipité se forme. Quelques gouttes de liqueur acide font disparaître le précipité. On obtient ainsi une liqueur légèrement acide, claire et incolore, et également de même teneur en albumoses que l'urine en question.

Telles sont les deux solutions sur lesquelles nous avons fait toutes les réactions comparatives avec l'urine.

Action des solutions salines sur la coagulation ou la dissolution du précipité de cette albumose.

Des recherches bibliographiques il résulte un fait qui attire tout d'abord notre attention : c'est l'inconstance des caractères analytiques de la substance. Ils sont sous la dépendance absolue des sels qui les accompagnent dans leurs dissolutions.

Comme Spiro, nous constatons que l'urine albumosique additionnée de 14 p. 100 d'urée ne se coagule plus à aucune température.

Ce n'est qu'arrivé à ce pourcentage que nous avons supprimé toute observation à l'égard de ce phénomène. Cette propriété de coagulation est perdue et non détruite ; une simple dilution de l'urine, et les albumoses se précipitent pour disparaître à l'ébullition.

Magnus Lévy par une addition de chlorhydrate d'ammoniaque à son urine, obtenait une solution complète du précipité à l'ébullition. Nous n'avons jamais pu obtenir cette dissolution même avec 20 p. 100 de sel ajouté à l'urine.

Si la présence de certains sels favorise la dissolution, le simple contact d'autres substances fait perdre cette propriété, tel l'alcool.

Les albumoses que nous avons ainsi obtenues se sont toujours dissoutes dans les solutions alcalines, mais alors avec l'intervention de la chaleur. La présence d'autres sels comme le sulfate de magnésie, le sulfate de soude, le phosphate de chaux, ne font qu'abaisser le point de coagulation, mais de quelques degrés seulement, malgré la forte proportion de sel que l'on peut faire entrer en dissolution. Le chlorure de sodium, tout en retardant la coagulation, facilite la solubilité d'une partie de ces albumoses se dissolvant en solution saline.

Noter les anomalies qui se produisent, observer les faits tels qu'ils se passent, c'est la seule méthode qui soit actuellement profitable. Pour notre cas, les albumoses n'ont jamais été solubles à 100°, néanmoins à mesure que la maladie progressait, la partie insoluble diminuait. Les dernières expériences faites nous montraient une disparition presque complète à l'ébullition du précipité formé.

Recherches sur la composition de l'albumose de Bence-Jones.

D'après les travaux de Kühne et Chittenden l'hémi-albumose de Bence-Jones serait un mélange de protoalbumose de dysalbumose et peut-être d'hétéro-albumose. Voici les caractères distinctifs que ces auteurs donnent de ces corps.

Protoalbumose. — Précipitable par le chlorure de sodium, soluble dans l'eau froide et chaude.

Dysalbumose. — Précipitable par le chlorure de sodium et l'acide acétique, soluble dans l'eau froide et chaude.

Hétéroalbumose. — Précipitable par le chlorure de sodium, insoluble dans l'eau froide et chaude, soluble dans les solutions salines.

Deutéroalbumose. — Précipitable par le chlorure de sodium, insoluble dans l'eau froide et chaude et les solutions salines.

Si l'on prend un certain volume de la solution acide de nos albumoses, qu'on la sature par le chlorure de sodium, on a un précipité lequel séparé de la liqueur est soluble dans l'eau froide et chaude. Il paraît répondre à la *protoalbumose.* Avec les réactifs des albumines il donne les résultats suivants.

Avec réactif Tanret, un précipité ; réactif Millon, réactif d'Esbach, réaction du biuret, rien ; Réaction xanthoprotéique, légère colration jaune ; réaction Adamkiewics, légère teinte violacée.

Si nous ajoutons au filtratum quelques gouttes d'acide acétique, un nouveau précipité se forme ; séparé de sa liqueur, on a un corps soluble dans l'eau froide et chaude. Cette substance paraît répondre à la *dysalbumose.* Sa solution donne avec les réactifs précédents, les réactions suivantes.

Avec réactif Tanret, un précipité ; réactif Millon, coloration rose ; réaction du biuret, la liqueur vire au violet ;

réactif Esbach, un précipité ; réactif xanthoprotéique, légère coloration jaune, réactif Adamkiewics, rien.

Il nous reste donc une liqueur saline acidifiée par acide acétique, laquelle paraît contenir un corps voisin de *l'hétéroalbumose*, mais qui s'en différencie par sa non-précipitation par le chlorure de sodium. Avec les réactifs précédents, cette solution donne :

Réactif Tanret, un précipité ; réactif Millon, rien ; réaction du biuret, très nette ; réactif Esbach, précipité ; réaction xanthoprotéique très nette, réactif Adamkiewics, rien.

Notre albumose de Bence-Jones semblerait donc composée : 1° d'un corps voisin de *l'hétéroalbumose ;* 2° de *dysalbumose ;* 3° d'un peu de protoalbumose.

On n'ignore pas tout ce que ces classifications ont d'artificiel et de contestable ; nous ne nous exagèrerons pas leur valeur et leur portée.

Dosages des éléments simples : carbone, hydrogène, oxygène, azote, phosphore et soufre dans les albumoses de Bence-Jones.

Pour faire ces dosages nous prélevons un échantillon moyen de 10 grammes environ du corps finement pulvérisé. Il était mis à l'étuve à 100°, puis remis à la température ambiante par un séjour sur acide sulfurique et sous cloche ; on obtenait par double pesée un échantillon pris sur cette substance ainsi traitée. Voici les résultats de deux analyses de chaque élément.

Dosage du carbone et de l'hydrogène :

	Première analyse	Deuxième analyse
	—	—
Albumoses employées.	0 gr. 5516	0 gr. 2884
H^2O	0 gr. 3188	0 gr. 1767
CO^2	1 gr. 0482	0 gr. 5439
Pourcentage en hydrogène	6 gr. 42	6 gr. 80
Pourcentage en carbone	51 gr. 825	51 gr. 45

Dosage de l'azote. — Ce dosage a été fait par le procédé de Kjehdal, et l'ammoniaque dégagée, dosée par la solution normale acide avec la phtaléine comme réactif indicateur. Les résultats obtenus sont :

	Première analyse	Deuxième analyse
	—	—
Albumoses employées.	0 gr. 1973	0 gr. 3768
Contenant en azote . .	0 gr. 0324	0 gr. 0623
Pourcentage en azote .	16 gr. 46	16 gr. 65

Dosage du phosphore et du soufre. — Pour ces deux dosages, les échantillons ont été pesés comme les précédents. La matière organique détruite par le mélange de M. le professeur agrégé Moreau. Ainsi traitée, elle était dissoute dans 200 c.c. d'eau, dont la moitié servait au dosage des phosphates et l'autre à celui des sulfates. Pour le premier, il a été fait avec la solution titrée d'urane, avec le réactif indicateur ferrocyanure ; quant au second, nous avons suivi le procédé classique et le soufre dosé à l'état de sulfate de baryte. Voici les résultats :

Phosphore :	Première analyse	Deuxième analyse
	—	—
Substance employée .	0 gr. 1927	0 gr. 4571
Contenant en P^2O^5 . .	0 gr. 012	0 gr. 016
Pourcentage en Ph . .	2 gr. 71	3 gr. 05

Soufre :

	Première analyse	Deuxième analyse
	—	—
Substance employée .	0 gr. 1927	0 gr. 4572
Contenant en sulfate de baryte	0 gr. 0515	0 gr. 1018
Pourcentage en S. . .	3 gr. 66	3 gr. 24

Réunissant ces analyses en un tableau on a comme résultat final :

Carbone.	51,68 %
Oxygène	18,83 —
Azote	16,55 —
Hydrogène.	6,61 —
Phosphore.	2,88 —
Soufre	3,45 —

Par ces données, nous remarquons que notre moyenne ne s'écarte guère de celle obtenue par les chimistes qui se sont occupés de ces substances albumineuses. Seuls, le phosphore et le soufre sont en proportion assez forte. Ces deux corps sont très étroitement unis à ces albumoses. Malgré de nombreux lavages, nos résultats n'ont pas varié.

Ce phosphore aussi intimement lié aux albumoses pouvait nous laisser croire à la présence de nucléo-albumines ; il n'en est rien. Nous avons essayé à plusieurs reprises de retirer de ces corps protéiques les dérivés naturels des nucléo-albumines, la xanthine et l'hypoxanthine. Pour cela nous avons suivi la méthode donnée par Hofmeister. Elle consiste à dédoubler ces corps complexes par l'action sur eux de l'acide sulfurique dilué et à chaud. Par une série de manipulations on arrive à séparer les dérivés cristallisés. Un examen microscopique des précipités obtenus indique si le résultat est positif. Dans aucune des expériences faites nous n'avons pu obtenir un cristal se rapprochant de ceux de la xanthine ou de l'hypoxanthine.

Essais de digestion artificielle sur l'albumose de Bence-Jones.

Magnus Lévy voulant déterminer la nature de ces albumoses s'appuie beaucoup plus sur les produits résultant de la digestion artificielle de ces substances que sur leurs propriétés physiques.

Nous nous sommes donc placés dans les conditions normales pour faire une digestion artificielle , en plaçant ces albumoses dans une solution physiologique d'acide chlorhydrique additionnée de pepsine, et portant le tout à la température constante de 35°.

Au bout de deux heures de digestion nous constations déja la présence des peptones. C'est ainsi que la réaction du biuret est d'un rouge plus vif qu'avec ces albumoses. Au bout de vingt-quatre heures de digestion il ne reste presque plus de parties insolubles. Avec la liqueur filtrée nous n'avons plus de précipité avec les acides. Le résultat de cette digestion ressemble beaucoup à celui obtenu par la digestion des albumines ordinaires. La découverte d'un nouveau ferment, l'érepsine, a permis de confirmer les vues de Magnus Lévy. L'érepsine agit d'une façon spéciale sur les albumines sans toucher aux albumoses ; or, son action est tout à fait positive sur l'albumose de Bence-Jones. Celles-ci appartiennent donc à la classe des albumines.

Réaction de Jacquemet utilisée comme procédé de différenciation des albumoses ordinaires de l'albumose de Bence-Jones.

Cette réaction porte le nom de l'auteur qui l'a observée pour la première fois. Elle résume les phénomènes physiques qui se passent lorsqu'on mélange une urine albumosique fraîchement émise et traitée comme l'indique son auteur avec le tiers de son volume d'éther. Il se forme par le repos après agitation du mélange un culot albumineux à la surface de séparation des deux liquides.

Je n'insisterai pas sur les détails techniques de cette opération, ainsi que sur sa valeur. M. le Dr Piéry dans un article paru dans le *Lyon Médical*, 1903, p. 554, nous donne tous les renseignements utiles à cet égard. Des conclusions qu'il en tire, je retiendrai ceci : toutes les fois que l présence des albumoses fut constatée dans une urine, elle a toujours donné la réaction de Jacquemet positive. (Une seule exception sur trente-trois cas observés.) Or, dans le cas qui nous occupe, nous avons essayé bien des fois la réaction ; sur l'urine fraîchement émise, sur l'urine traitée comme l'indique l'auteur, jamais nous n'avons obtenu de coagulum. Comme les auteurs qui nous ont précédé dans cette description de l'albumose de Bence-Jones ne parlent pas de cette action de l'éther, il nous est impossible de conclure en ce qui les concerne.

Mais si nous ne pouvons donner cette différence entre les albumoses ordinaires et celle de Bence Jones comme un fait d'ordre général, il nous est permis d'indiquer cette réaction à ceux qui après étudieront des cas semblables.

Peut-être disposera-t-on alors avec l'éther d'un réactif clinique qui aurait le grand avantage d'être simple à employer et de donner très vite un résultat. La réaction de Jacquement pourrait ainsi rendre de grands services.

Analyses des urines faites pendant la période d'observation.

Le tableau suivant nous donnera les détails comparatifs de trois analyses des urines albumosiques faites : 1° au début de la maladie le 8 décembre 1902 ; 3° au terme moyen de la maladie, le 18 février 1903 ; 3° enfin au 6 mars 1903, quelques jours avant la mort.

Analyse n° 1.

Volume des urines . .	1.500 c.c.
Aspect	légèrement trouble
Dépôt	floconneux
Couleur	jaune paille (n° 2)
Consistance.	filante
Odeur	fétide
Réaction	très acide
Densité.	1013

Analyse n° 2.

Volume des urines . .	1800 c.c.
Aspect	trouble
Dépôt	floconneux
Couleur	jaune pâle (n° 2)
Consistance.	filante
Odeur	fétide
Réaction	très acide
Densité.	1012

Analyse n° 3.

Volume des urines . .	2200 c.c.
Aspect	trouble avec flocons
Dépôt	floconneux
Couleur	jaune pâle (N° 2)
Consistance	filante
Odeur	fétide
Réaction	très acide
Densité	1011

Acide phosphorique en P^2O^5 par litre	1 gr. 245	0 gr. 360	0 gr. 160
Acide phosphorique en P^2O^5 par 24 heures	1 gr. 865	0 gr. 648	0 gr. 352
Urée par litre	18 gr. 256	13 gr. 04	13 gr. 338
— par 24 heures	27 gr. 884	23 gr. 47	29 gr. 343
Acide urique par litre . .	0 gr. 584	0 gr. 432	9 gr. 368
— — par 24 heures	0 gr. 876	0 gr. 780	0 gr. 809
Chlorures en NaCl } par litre . . .	8 gr. 103	7 gr. 308	5 gr. 852
Chlorures en NaCl } par 24 heures .	12 gr. 003	13 gr. 154	12 gr. 874
Sulfates en SO^4H^2 } par litre . . .	2 gr. 115	1 gr. 876	1 gr. 650
Sulfates en SO^4H^2 } par 24 heures .	3 gr. 162	3 gr. 376	3 gr. 620
Azote total par litre . . .	9 gr. 491	6 gr. 846	6 gr. 440
— — par 24 heures .	14 gr. 236	12 gr. 312	14 gr. 168

	Analyse n° 1	Analyse n° 2	Analyse n° 3
	—	—	—
Acidité en SO^4H^2 .	»	»	5 gr. 54 par 24 heures
Rapport azoturique	89	88	87
Sucre	Néant	Néant	Néant
Albumine	Néant	Néant	Néant
Albumoses par litre	3 gr. 170	4 gr. 415	5 gr. 10
— par 24 h.	4 gr. 785	7 gr. 947	11 gr. 22

Examens microscopiques

N° 1. — Quelques cellules de pus, deux à trois cylindres hyalins par préparation, quelques cristaux d'acide urique libre et des cristaux de sulfate de chaux.

N° 2. — Quelques cylindres granuleux, quelques cellules épithéliales et des cristaux de sulfate de chaux.

N° 3. — Un grand nombre de cylindres granuleux sont vus dans chaque préparation, quelques cylindres hémorragiques, des cellules épithéliales et des cristaux d'acide urique libre ainsi que du sulfate de chaux.

Cryoscopie. — Je n'ai cryoscopé que l'urine n° 3 ; le résultat obtenu a été de (moins 130 dixièmes de degré). Le poids du corps du malade était d'environ 75 kilogrammes et le volume des urines de 2.200 cc., on a :

Diurèse molléculaire totale	3,413
Diurèse de mollécules élaborées. . .	2,786
Taux des échanges molléculaires . .	1,38

$P = 75,\ V = 2200 \quad \Delta = 130 \quad \Delta' = 35 \quad \delta = 95$

Observations relatives aux analyses faites sur les urines albumosiques.

Les urines quotidiennes nous étaient remises par l'intermédiaire de M. le Dr Bertoye. Elles présentaient une odeur nauséabonde très prononcée. Nous possédons encore de cette urine conservée par une simple couche d'huile la préservant du contact de l'air. Le malade a constamment eu de la polyurie qui s'est accrue jusqu'à la mort. La consistance était très filante, l'aspect clair, mais un fort dépôt existait toujours. L'acidité était fortement prononcée ; n'étant pas attribuable aux phosphates, nous n'avons pu en trouver la cause.

Les phosphates en effet ont toujours été en faible proportion et ce caractère n'a fait que s'accentuer avec l'état du malade. La dernière analyse faite avant la mort a donné 0 gr. 352 en anhydride phosphorique par vingt-quatre heures.

Quant à l'examen microscopique il nous a montré la présence constante des cylindres dans toutes les préparations. Cylindres hyalins aux premiers stades de la maladie, cylindres granuleux ensuite, et enfin cylindres hémorragiques.

Avec quelques cristaux d'acide urique libre, nous constatons la présence de lames plates à formes irrégulières. Un examen minutieux nous montra qu'elles étaient formées de sulfate de chaux. Serait-ce à ces sels dont nous avons constamment remarqué la présence dans l'urine que serait due la quantité de soufre trouvée dans ces albumoses ?

CONCLUSIONS

Mes recherches m'ont conduit aux conclusions suivantes, conformes d'ailleurs, pour la majeure partie, avec les faits observés par Magnus Lévy et les autres auteurs.

1° La coagulation par la chaleur est le moyen le plus simple, le plus pratique pour extraire les albumoses de Bence-Jones de l'urine.

2° Le dosage par pesée (procédé Méhu modifié par M. le professeur Hugounenq) donne les résultats les plus certains. Au point de vue clinique le dosage par le tube d'Esbach est suffisamment précis.

3° Ces albumoses sont des corps très complexes et qui paraissent formés de protoalbumose, de dysalbumose, et surtout d'un corps voisin de l'hétéroalbumose.

4° La formule donnée par l'analyse des éléments simples est très voisine de celle des albumoses ordinaires.

5° Les albumoses de Bence-Jones ne contiennent pas de nucléo-albumines, malgré la présence du phosphore qui doit être une impureté.

6° Ce sont plutôt des albumines en voie de régression que des albumoses proprement dites.

7° La réaction de Jacquemet peut être utilisée cliniquement pour distinguer les albumoses ordinaires de celles de Bence-Jones.

CAS D'ALBUMOSURIE DE BENCE-JONES OBSERVÉS

1. Martin SOLON (1838). — Solon's Treatise de l'Albuminurie, p. 423.
2. M. SOLLY (1846). — *Dublin Quarterly Journal of medical Sciences*, juin, 1846.
3. H. BENCE-JONES (1848). — *Philosophical transactions of the Royal Society*, Part 1, p. 55.
4. KÜHNE (1867). — *Zeits. für Biologie*, N. F. 1883, Band. I, S., 210.
5. KAHLER and HUPPERT (1889). — *Prager medicin.* Wochen., 1889, Band XIV, S. 35.
6. STOKVIS (1891). — *Nederl. Tijdschrift voor Gencesk.*, 1891, vol. II, p. 36, cit. in *Maly's Jahresbericht*, 1892, vol. XXI, p. 412.
7. SEEGELKEN (1895). — *Deutsch. Archiv für klin. Medicin*, 1897, Band XXIV, S. 449.
8. BOZZOLO (1897). — *VIIIe Congress of Medicin Transactions*, 1897.
9. M. le Professeur HUGOUNENQ (1897). — *Société de Medecine de Lyon* (mars 1897).
10. SÉNATOR (1897). — *Archiv für pathol. Anatomie*, 1874, Band IX, S. 476, also *Berlin. klin. Wochen.*, 1899, Band XXXVI, p. 161.
11. NAUNYN (1898). — *Deutsch. Medicin Wochen.*, 1898, Vereins, S. 217.
12. EWALD (1899). — *Wiener klinische Wochen.*, 1899, S. 169.
13. FITZ (A.-H.) (1899). — *American Journal of medical Science*, 1898, vol. CXVI, p. 30.
14. BRADSHAW and WARRINGTON (1899). — *Medico chirurg. transactions*, London, 1899, p. 251 and *Royal chirurg. Society* third serie, vol. XI, p. 72 to 81.
15. ELLINGER (1899). — *Deutsch. Archiv für klin. Medicin*, 1899, Band LVII, S. 255.

16. STERNBERG (1899). — *Nothnagel's specielle Pathol. und Therap.*, 1899, Band VIII, Theil 2, Abterlun 2, S. 57 and S. 83.

17. MILROY (1900). — *Journal of Patholog. and Bacteriol.*, 1900, décembre, p. 95.

18. JAMES H. WRIGHT (1900). — *Journal of the Boston Society of Medical Sciences*, 1900, April, vol. IV, *Transactions of the Association of american Physic*, 1900, vol. XV.

19. ASKANASY (1900). — *Deutsch. Archiv für klin. Medicin*, 1900, Band, LXVIII, .. 34.

20. ARNOLD RASCHKES (1900). — *Prager medicin Wochen.*, 1894, n° 51, S. 649.

21. HAMBURGER (1900). — *John Hopkins Hospital Bulletin*, vol. XII.

22. HAMBURGER (1900). — *John Hopkins Hospital Bulletin*, vol. XII.

23. James ANDERS and Napoléon BOSTON (1900). — *The Lancet*, n° 11, vol. 1, 1903.

24. ANDERS ET N. BOSTON (1...). — *The Lancet.*

25. KALISCHER (1901). — *Deutsch. Medicin. Wochen.*, 1901, Band XVII, S. 54.

26. ROSTOSKI (1901). — *Munch. Medicin. Wochen.*, 1901, vol.XLVIII, p. 1115 and *Deutsch. Medicin. Wochen.*, 1901, p. 224.

27. JOCHMANN and SCHUMM (1901). — *Munch. medicin. Wochen.*, 1901, vol. XLVIII, p. 1340.

28. J.-A. BLAIN (1901). — *British. medical Journal*, 1901, vol. II, p. 713.

29. J.-M. ANDERS ET N. BOSTON (1901). — *The Lancet*, n° 4141, vol. CLXIV, p. 94.

30. GUTTERINK and V.-J. DE GROFF (1902). — *Zeitsch. für physiol. Chemie*, 1902, vol. XXXIV, p. 392.

31. H.-F. VICHERY (1902). — *Philadelphia medic. Journal*, 1902, August. 2, p. 155.

32. John H. MUSSER. —

33. HUGOUNENQ (1902). — *Société de Médecine de Lyon*, 1902.

34. BUCHSTAUB and SCHAPOSCHNIKOFF (1902). — *Russ. Archiv für pathol. klin. Medicin. und Bacteriol.*, 1899, vol. III, p. 11, Russian.

35. Napoléon BOSTON (1903). — *The american Journal of the medical Sciences*, April 1903.

36. HUGOUNENQ. — Décembre 1902.

INDEX BIBLIOGRAPHIQUE

1. ALEXANDER F. — *Zeitschrift für Physiol. Chem.*, Band XXV, S. 258.
2. ANDERS ET BOSTON. — *The Lancet*, 1903, January, p. 94.
3. ASKANASY. — *Deuts. Archiv für klin. Medicin*, 1900, Band Uxiji, S. 34.
4. BENCE-JONES H. — *Philosophical transactions of the royal Society*, 1848, Rt. 1, p. 55.
5. BLAIR. — *Brit. medic. Journal*, 1901, vol. II, p. 113.
6. BOZZOLO. — *VIIIe Congrès de medicin*, 1897.
7. BRADSHAW. — *Transact. of the royal medical and chirurg. Society*, London 1899, p. 251. For discussion of this report see *Procedings of the royal medic. and chirurg. Society*, third série. Vol. XI, p. 72 to 81. *Brit. medic. Journal*, 13 juil. 1901.
8. BUCHSTAB and SCHAPASCHNIKOFF. — *Russis. Archiv für patholog. Klinisch. Medicin. und Bacteriol.*, 1899, Vol. III, p. 2 (Russian).
9. BUTHIN. — *Transact. of the patholog. Society*, London, 1879. Vol. XXXI, p. 277.
10. BYRON BRAMWEL und Noel PATON. — *Laboratory Reports of the royal college of Physiciens*, 1892, Edinburgh Band IV, S. 47.
11. COATES. — *Glascow Medical Journal*, 1891. Vol. XXXVI, p. 420.
12. COUNCILMAN. — *Journal of experiment. Medicin.*, 1898. Vol. III, p. 401.
13. DALRYMPLE M. — *Dublin Quarterly Journal of medic. Sciences*, 1846, p. 85.
14. DRESCHFIELD. — Cité par Milroy.
15. ELLINGER. — *Deutsch. Archiv für Klinisch. Medicin.*, 1899, Band XII, S. 255.

16. EWALD. — *Wiener Klinisch. Wochen.*, 1899, S. 169.
17. FLANDRIN. — *Dauphiné médical*, 1900, n° 9.
18. FITZ K. H. — *American Journal of medical sciences*, 1898. Vol. CXVI, p. 30.
19. FLATON. — *Munchener Medicin. Wochen.*, 1897. Féb. 16th., S. 175.
20. GRAWITZ. — *Virchow's Archiv*, 1879, Band LXXVI, p. 353.
21. GRUZEWSKA. — *Compte rendu de l'Acad. des sciences*, 1535, p. 128.
22. GÜRBER. — *Sitzungs der Wuzburger phys. Medic.*, 1894, Band XXVIII.
23. GUTTERINK and DE GROFF. — *Zeitsc. für physiol. Chemie*, 1902, Band XXXIV, S. 392.
24. HAMBURGER L.-P. — *John Hopkins Hospital Bulletin*, 1900.
25. HANMER. — *Virchow's Archiv*, 1894, Band CXXXVII, S. 280.
26. HAUSSMAN. — *Zeitschr. für physiol. Chemie*, Band XXVII, S. 95.
27. HERRICH and HEKTOEN. — *Medical News*, 1894, vol. LXV, p. 339 vol. XII.
28. HOFFMEISTER. — Cité par Milroy.
— *Zeits. für physiolog. Chemie*, 1898, Band XIV, S. 165.
29. HOPKINS and PINKUS. — Cité par Milroy.
— *Zeits. für Physiolog. Chemie*, 1896.
30. HUPPERT. — *Zeits. für Physiolog. Chemie*, 1896, Band XXII, S. 500 ; Neubauer und Vogel's Analyse d'Harns, 1898, Wiesbaden, S. 875 et *Centralblatt für die Medicin. Wissenschaften*, 1898, n° 28.
31. HUGOUNENQ. — *Lyon Médical*, janvier 1901, p. 81.
— *Journal de Pharmacie et de Chimie*, 1er mars 1897.
— *Lyon Médical*, 1897, p. 521.
— *Société de Médecine de Lyon*, mars 1897 et 1902.
— *Chimie physiologique et pathologique*, p. 526.
32. IGLEHART. — Associated with Hamburger's case.
33. JADASSOHN. — *Berliner klinisc. Wochen.*, 1893, Band XXX, S. 222.
34. VON JAKSCH. — *Prager Medicin. Wochen.*, 1892, Band XVII, S. 602.
35. JACQUEMET. — *Dauphiné médical*, n° 7, 1898.
— *Société de Médecine de l'Isère*, 5 juillet 1898.
— *Société de Médecine de l'Isère*, décembre 1900. mai-novembre 1901.
— *Lyon Médical*, 1900, p. 268.
— *Dauphiné médical*, 1901, n° 6.

36. JOCHMANN und SCHUMM. — *Munch. Medicin. Wochen.*, 1901, Band XLVIII, S. 140.

37. JUSTI. — *Wirchov's Archiv*, 1897, Band CL, S. 197.

38. KAHLER. — *Prager Medicin. Wochen.*, 1889, n° 4, p. 5.

39. KAHLER and HUPPERT. — *Prager Medicin. Wochen.*, 1889, Band XIV, S. 35.

40. KALISCHER. — *Deutsch. Medicin. Wochen.*, 1901, Band XVII, S. 54.

41. KANDER. — *Archiv. für exper. Phatho. und Pharm.*, Band XX, S. 411.

42. KLEBS. — *Allgemeine Pathol.*, 1889, Band II, p. 675.

43. KROMPECHER. — *Ziegler's. Beitrage zur pathol. Anat.*, 1900, Band XVII, S. 431.

44. KÜHNE. — *Zeitsch. für Biolog.*, N. F., 1883, Band I, S. 210.

45. KÜHNE and STOKWISS. — *Für Biol.*, 1883, Band XIX, S. 159. 209, 1884, Band, XX, S. 11.

46. LABATUT. — *Société de Médecine de l'Isère*, juin 1890.
— *Dauphiné médical*, 1899, n° 2 et n° 6.

47. LILIENFELD. — *Zeitsch. für physiol. Chemie*, Strasburg, 1894, Band XVIII, S. 473.

48. MAC CALLUM. — *Journal of Experim. Medecin*, vol. 6, n° 1, p. 53.

49. MAC INTYRE. — *Transactions of the royal medic. chirg. Society*, London, 1850, vol. XXXIII, p. 211.

50. MAGNUS LÉVY. — *Zeitsch. für Physiol. Chemie*, 1900, Band XXX, p. 200.

51. MARKWALD. — *irchow's Archiv*, 1895, Band CXLI, S. 128.

52. MARSCHALKO. — *Archiv für Dermat. und Syphil.*, 1895, Band XXX, 53.

52. MATTHES. — *Verhandlungen des Congres. für innere Medicin*, 1896, Band XIX, S. 476.
— Discussion zum Vertrag von Magnus, Congres. für innere Medicin., 1900.

54. MIESCHER. — De inflammatione Ossmium eorumques Anatomia Generali, 4 to 5, Berolini, 1836.

55. MILROY J.-A. — *Journal of Pathol. and Bacteriol.*, décembre 1900, p. 95.

56. MORACZEWSKI. — *Zeistch. fur physiol. Chemie*, Band XXI, S. 71, and Band XXV, S. 252.

57. MULLER. — *Deutsch. Archiv für Klin. Medicin*, 1891, Band XLVIII, S. 57.

58. NAUNYN. — *Deutsch. medicin. Wochen.*, 1898, *Vereins Beitræge*, S. 217.

59. NEUMISTER. — *Lehrbrug der Physiol. Chem.*, Auflaye II, 1897, S. 804.

60. NOTHNAGEL. — *Festschr. Rudolf Virchow*, Berlin 1891, Band II, S. 155.

61. PALTAUF. — *Ergebnisse der Allegemeinen Pathol. und Pathologischen Anat. herausgegeben von Lubarsch. und Ostertay*, 1896, vol. III, S. 576.

62. PAPPENHEIM. — *Zeitschr. fur Klin. Medicin.*, Band XXXIX, S. 139.

63. PAULI. — *Pfluger's Archiv*, Band LXXVIII, S. 315.

64. PATON NOEL. — *Report from the Laboratory of the royal College of Physic. of Edinburgh*, 1892, vol. IX.

65. PICK. — *Zeits. fur physiol. Chemie*, Band XXIV, S. 246, and Band XXVIII, S. 219.

66. PIÉRY (D'). — *Lyon Médical*, 1903, p. 554.

67. POHL. — *Archiv f. exper Pathol. und Pharm.*, Band XX, S. 426.

68. RASCHKES A. — *Pruger medicin. Wochen.*, 1894, No 51, S. 649.

69. ROKITANSKY. — *Lehrbuch der patholog. Anatom.*, 1856,Band II, S. 132.

70. ROSIN. — *Berliner Klinisch. Wochen*, 1897, Band XXXIV. S. 1044, also N° 48, and *ibid.* 1899, Band XXXVI, p. 161.

71. ROSTOSKI. — *Munchener medicin. Woch.*, 1901, Band XLVIII, S. 1115, *Deutsc. medicin. Wochen.*, 1901, S. 224.

72. RUNEBERG. — *Deutsch. Archiv fur klin. Medic.*, Leipsic, 1883.

73. VON RUSTIZKY. — *Deuts. Zeistchr. fur Chirur.*, 1873,Band III, S. 162.

74. SCHULTZ. — *Zeits. für Physiol. Chemie*, Strasburg, 1898, Band XXIV, S. 449.

75. SEEGELKEN. — *Deutsch. Archiv für klin. Medicin.*, 1897, Band LVIII, S. 126 and 276.

76. SÉNATOR. — *Archiv für pathol. Anat.*, 1874, Band IX, S. 476 also *Berliner klin. Wochen.*, 1899, Band XXXVI, p. 161.

77. SICARD. — *Presse médicale*, octobre 1901, p. 213.

78. SIMON. — *American Journal of the medical Science*, june 1902, p. 939.

79. SOLLY. — *Dublin Quarterly Journal of medical science*, june 1846.

80. SOLON MARTIN. — Solon's Treatise, p. 423.
— Spécimen preserved in the Pathol. Museum of University college Liverpool.

81. SPENCER. — *Brit. medic. Journal*, janvier 1896.

82. SPIRO. — *Zeits. für physiol. Chemie*, Band XXVIII, S. 174.

83. STERNBERG. — *Nothnagel's Specielle Pathol. und Therap.*, 1899, Band VIII, Theil 2, Abtherlung 2, S. 57 and 83.

84. STOKVIS. — *Nederlandsche Tijdschrift vor Geneeskunde*, 1891, vol. II, p. 36, cité in *Maly's Jahreschrift*, 1892, vol. XXI, p. 412.

85. THOMAS. — *Boston médical und Chirur. Journal*, 1901, october 3.

86. UNNA. — *Monatshefte für praktische Dermatologie*, 1891, Band XII, S. 296.

87. VICHERY. — *International Clinic's*, 1902.

88. VIRCHOW. — Die Krankaften Greschulste, 1864, Band, II, S. 7.

89. VLADIMER DE HOLSTEIN. — *La Semaine médicale*, 1898, p. 206 and 1899, p. 82.

90. WALDSTEIN. — *Virchow's Archiv*, 1883, Band XCI, S. 12.

91. WEBER F.-P. — *Journal of Pathology and Bacter.* january, 1898.

92. WEBER HERMAN. — *Transactions of the Pathol. Society of London*, 1866, vol. XVIII, p. 206.

93. VIELAND. — Primare multiple Sarcoma der Knochen, inaug. Dissertation, Basle, 1893.

94. WILLAMS. — Cité par Bradshaw.

95. WINKLER. — Virchow's Archiv, 1900, Band CLXI, S. 252.

96. ZAHNN. — *Deuts. Zeitbericht für Chirurgie*, 1885, Band XXII.

97. ZEHUISEN. — *Jahresbericht für thier. Chemie*, Band XXI, S. 412, Band XXII, S. 525, Band XXIII, S. 571, 1893.

98. ZUELZER. — *Berliner Klinisch. Wochen.*, oct. t. St., 1900, 37. Jahrgany n° 40.

99. ZEIHNISEN. — *Jahresb. fur thier. Chemie*, Band XXI, S. 412, Band, XXII, S. 525 and S. 577.

100. ZUNZ. — *Zeitschr. für physiol. Chemie*, Band XXVIII, S. 132.

LYON
A. STORCK & Cie, IMPRIMEURS-ÉDITEURS
8, Rue de la Méditerranée, 8

www.ingramcontent.com/pod-product-compliance
Ingram Content Group UK Ltd.
Pitfield, Milton Keynes, MK11 3LW, UK
UKHW020433230726
13925UKWH00004B/1712